饲养员带你逛

动物园

从海豚到企鹅

（日）池田菜津美 著 （日）松桥利光 摄 朱悦玮 译

欢迎来到水族馆

辽宁科学技术出版社

· 沈阳 ·

精彩的表演开始啦！

高高
跃起的海豚！

跃出水面
与饲养员击掌！

ENOSHIMA A

伪虎鲸

4

宽吻海豚

水中问好

宽吻海豚

　　精彩的表演是水族馆里最大的看点！海豚充满魅力的跳跃和海狮憨态可掬的动作，让游客们大饱眼福。饲养员在动物表演时一刻都不能松懈，不但要给"演员"发出指令，还要随时观察各位"演员"的动作，领着动物团队顺利完成表演。

南海狮在向大家挥手致意呢！

南海狮

海豚和海狮的表演可真精彩！它们是怎么记住这些动作的呢？

原来是
努力训练的结果呀！

南海狮

棒极啦！

海豚和海狮每天都要进行表演动作训练。不过，对于它们来说，训练就是和饲养员在一起玩耍的开心时间。正式演出时，海豚其实和平时没什么两样，但饲养员为了保证演出成功反而会非常紧张。对饲养员来说，训练是非常重要的环节。

一动不动也是训练的动作之一……

南海狮

宽吻海豚

我能做到一动不动哦！

正式表演时，有的海豚需要高高跃起，而有的海豚必须一动不动地等待。所以，静止练习也至关重要。

对着空无一人的观众席练习跳跃！

看似简单的跳跃……

饲养员在教海豚跳跃的时候，无法一次性完成，必须一点点地教。一开始，饲养员会把一个训练棒放在靠近水面的低空，让海豚用头去碰训练棒。成功之后，饲养员会把训练棒抬高一些再让海豚去碰。最后，饲养员将训练棒抬到高空中，让海豚从水中跳起来去碰。这样一来，海豚就会记住跃出水面的动作了。

终于跃出水面啦！

海豚区

ENOSHIMA AQUARIUM

海豚超级喜欢玩儿游戏！

宽吻海豚

宽吻海豚

海豚对饲养员吐舌头卖萌

照片中的海豚正在玩儿用嘴接水的游戏。海豚还会玩儿追逐和跳跃等游戏。在表演之余的时段来海豚区，有机会看到海豚天真可爱的一面。

太平洋短吻海豚

稳稳接住!

玩儿抢球游戏

海豚很喜欢玩具,它们最喜欢玩儿抢球游戏。

海豚是游戏小天才!

猜猜看,照片中爬上岸的这只海豚在做什么呢?其实,它是在偷窥水中的情况,一旦发现有其他海豚游过来,它就会突然下水,吓唬同伴。海豚不用教,也能玩儿得不亦乐乎呢。

嘎巴嘎巴
嚼冰块儿

真好吃

互相追逐嬉戏

来追我

哪里逃

嘘!好像有谁过来了……

宽吻海豚

9

咦？这是在干吗？

海豚把肚皮翻过来，正在接受饲养员的检查。饲养员通过抚摸海豚的鳍和检查海豚的口腔来判断海豚的身体状况。平时训练时的动作，体检时也能派上用场呢。

宽吻海豚

开饭啦！
哇，桶里装满了好吃的！

宽吻海豚

一整桶食物通常要分几次喂给海豚。饲养员会一边喂食，一边让海豚练习表演动作或者帮它们检查身体。

准备食物很辛苦

水族馆里的海豚和鲸鱼加起来有好几只。每只海豚每天可以吃掉15~25千克的食物。也就是说，饲养员每天要为它们准备几百千克的食物。不仅如此，饲养员还要根据它们的身体状况，帮它们增强营养。而且每只动物需要添加的营养可能都不一样。所以，饲养员每天光是准备食物，就要花上好几个小时呢。

这里有各种各样的海豚！

水族馆里有许多不同种类的海豚。这些海豚的特征各异，只要用心观察就可以分辨出来哦。

东亚江豚

这只笑容可掬的海豚是东亚江豚，特点是没有背鳍。东亚江豚很喜欢拍照，只要游客举起相机，它就会主动摆造型。

我也是海豚哦！

灰海豚体长可达 3 米，性格非常温顺。

灰海豚

笑起来很可爱

花斑喙头海豚

我的花纹和大熊猫很像。

因为身上的黑白花纹跟大熊猫很相似，所以花斑喙头海豚又叫作黑白海豚或熊猫海豚。它们体型较小，游泳的速度非常快。

身体光滑是我最大的特点。

我的背鳍帅吗？

太平洋短吻海豚的背鳍很像镰刀。许多水族馆里都有这种海豚，游客可以欣赏到它们充满活力的泳姿。

太平洋短吻海豚

儒艮正朝这边看呢！

儒艮是美人鱼的原型，以海草为食。近年来，儒艮生活的海洋环境遭到污染，数量正在不断减少，令人担忧。水族馆为了让更多的游客能够看到这种珍贵的动物，对它们的照料格外精心。

海草真好吃！

大家好！我是儒艮。

儒艮

这是和儒艮长相相似的海牛

海牛生活在河川中，以水草为食。它咀嚼水草时的动作非常像牛，所以叫海牛。

西非海牛

儒艮

儒艮和海牛长得很像，两者之间最明显的区别是尾巴。儒艮的尾巴是尖的，而海牛的尾巴是圆的。

西非海牛

儒艮也会放屁

仔细观察儒艮的话，会发现在它的屁股后面有时候会冒出一排气泡。其实，这是儒艮的屁。儒艮吃的海草中含有大量的植物纤维，因此，消化时很容易产生气体。这就和人类吃红薯容易放屁是一个道理。

不好意思……

噗

这里有海狮哦！

南海狮

南海狮可是水族馆秀场上的大明星。它们擅长顶球、拍手和摆造型等，聪明程度连饲养员都大吃一惊。

海狮的身体有什么秘密呢？

南海狮

南海狮会用胡须维持平衡。

加利福尼亚海狮

加利福尼亚海狮

有小小的耳垂。

海狮身上的皮毛很有光泽，身体呈流线型。海狮可以用前肢和后肢在陆地上行走，有时还能用后肢站起来。

害怕寂寞的海狮

　　海狮非常喜欢玩耍，每当饲养员从它身旁经过时，它都会缠着饲养员陪它玩儿。海狮会在饲养员身边转来转去，有时会使劲儿拍水，希望引起饲养员注意。虽然海狮体型庞大，但竟然是个怕寂寞的家伙，让人很意外吧！

南海狮

陪我玩儿♥
陪我玩儿♥

摇来晃去

可是我在工作呀！

这个圆圆的脑袋……是谁呢?

胆小的海豹

　　海豹的胆子非常小。比如,听到巨大的响声、更换饲养员、更换住所等,都可能会使海豹害怕而绝食。照顾这么胆小的海豹,有时候也很麻烦呢。

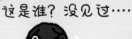

这是谁? 没见过……

新来的饲养员

好啦好啦……不是坏人哦,勇敢一点儿!

海豹几乎一整天都待在水里。为了适应在水中生活，海豹的鼻子进化到可以完全封闭。它们甚至会用鼻子发出声音跟同伴交流。

贝加尔海豹

眼睛圆溜溜的海豹！

海豹可以在水中灵活地游来游去。而在陆地上，海豹却因为后肢不能向前弯曲用力，只好趴在地上匍匐前进。和海狮不同，海豹没有耳垂。

斑海豹

港海豹

露出水面的小圆脑袋，实在是太可爱啦！

体型庞大又帅气！

是海象！

雄性海象的体长可超过 2 米。虽然海象和海狮的体型完全不同，但它们是"亲戚"。仔细看它们后肢的形状，是不是很像？

海象

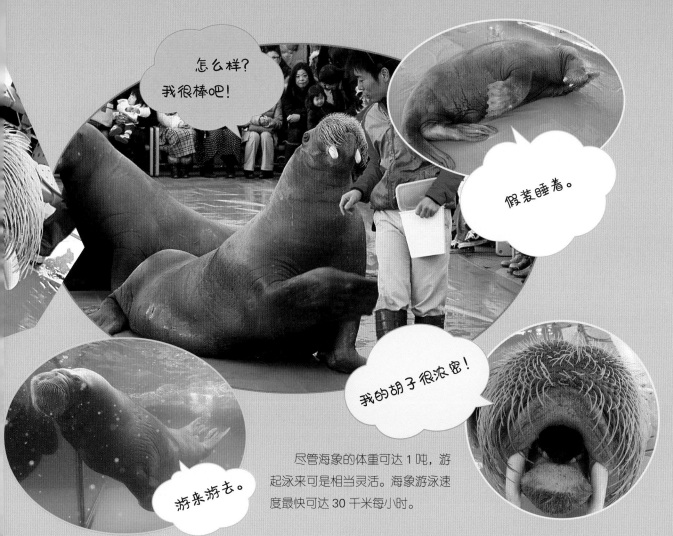

怎么样？
我很棒吧!

假装睡着。

我的胡子很浓密!

游来游去。

尽管海象的体重可达 1 吨，游起泳来可是相当灵活。海象游泳速度最快可达 30 千米每小时。

精力充沛的海象最喜欢玩儿保龄球游戏!

海象很喜欢运动，它们最喜欢的游戏就是撞保龄球。当然是用自己的身体去撞啦。随着噼里啪啦的响声，保龄球被撞得四处飞散，海象还会继续追着保龄球，玩儿得不亦乐乎……说着说着，好像又到训练时间了……

真开心呀♪

悠闲地漂在水面上

可爱的海獭！

活泼可爱的淘气包！

饲养员扫除的时候，它们会爬到扫帚上；有时候会打翻食物桶；有时候会用贝壳把水箱玻璃刮花……可见，海獭是多么淘气的小家伙。饲养员真是一刻也不能掉以轻心呢！

快松手

嘻嘻

海獭的好奇心非常强。如果饲养室里来了陌生人，它们就会马上凑过去，闻闻味道。

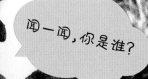

闻一闻，你是谁？

海獭

海獭会经常梳理自己的毛发，因为用爪子抓一抓可以使毛发蓬松，这样才更便于浮在水面上。不过，也有偷懒的海獭，不认真梳理皮毛的话，在水面上睡觉时可能会沉下去哦。

挠挠头。

看上去闪闪发光的地方，就是毛发之间的空气。

揉揉眼睛。

伸伸腿。

哇，原来海獭是这样浮在水面上的呀！

快看快看！

海獭

吃饭呢！

海獭

已经没了？

海獭大概是水族馆里最能吃的家伙。虽然海獭的体重只有 30 千克，但每天却可以吃掉 6 千克的食物。饲养员每天会分 2~3 次喂食，看海獭吃饭相当有趣。

我想要好吃的！

哇！

饲养员在喂海獭的时候，会顺便抚摸海獭来检查它们的健康情况。海獭与饲养员很熟悉，所以摸摸毛海獭也不会生气。

吃饱就睡……

吃完午餐就到了睡午觉的时间。晚餐后，海獭会仔细梳理毛发，然后舒舒服服地睡觉。海獭睡觉的姿势各不相同，有的喜欢漂在水上睡觉，有的喜欢靠在岸边睡觉。

海龟来啦！

水族馆里还有许多

红海龟

除了前面介绍的动物之外，水族馆里还有许多海洋动物。在水中悠闲游泳的海龟，目光炯炯有神的鳄鱼……动物们都在这里等着你！

在水族箱里悠闲游泳的海龟，看起来很享受这里的生活呢。水族馆里最常见的是红海龟和绿海龟。红海龟的样子更加温顺，性格也很稳重。

大大的嘴巴和锋利的牙齿

鳄鱼平时经常一动不动地待在原地，但捕食的时候行动异常迅速，速度之快甚至连饲养员都会吓一跳。

眼镜凯门鳄

26

慢吞吞……

这个走路慢吞吞的家伙是一种陆龟，它连吃饭都是慢吞吞的。

挺胸龟

这是生活在水中的龟，与陆龟在外形上区别很大。

缨毛龟

海洋动物呢！

水族馆里也有很常见的动物哦！

爬来爬去。

草龟

日本锦蛇

水族馆里也有许多田间、河岸常见的动物。能够如此近距离观察动物的好机会，大家可千万不要错过。

一扭一扭

一摇摇晃晃

洪堡企鹅

虽然企鹅走起路来有点儿笨拙，但游泳技术绝对一流。敏捷矫健的身姿，就好像在水中飞翔一般。

可爱的
企鹅！

船桨一样的前肢

企鹅的前肢就像船桨一样，流线型身体也很适合在水中游泳。

船舵一样的脚蹼

企鹅的脚蹼也是游泳神器，能像船舵一样帮助企鹅调整方向。

小心企鹅的尖嘴哦！

可爱的企鹅嘴巴尖尖的，饲养员喂它们的时候，稍不留神就会被啄伤。虽然知道你们饿了，但不能连饲养员的手也咬呀！

还想知道更多企鹅的秘密吗？

企鹅与饲养员的目常

企鹅的秘密

别挤我呀！

排好队，不要挤。开饭啦！

到了吃饭的时间，企鹅们排好队，饲养员按顺序给每只企鹅喂食。

装作没吃过的样子，再吃一次！

有的企鹅在吃过以后，会偷偷溜回队伍里，企图再吃一次。所以，饲养员必须记住哪些企鹅喂过了、哪些还没喂，真的很辛苦。

让我看看……

检查体重

被饲养员叫到名字的企鹅就会站到体重秤上，乖乖量体重的企鹅可以得到食物奖励。

这家伙刚才不是吃过了吗？

第二次排队

30

饲养员每天都很忙碌。我们一起来看看，饲养员每天都要做哪些工作吧！

企鹅蛋

正在孵蛋的企鹅

企鹅宝宝诞生了！

企鹅每年都会繁殖。在繁殖期，企鹅父母为了保护企鹅宝宝，会变得非常有攻击性，所以在此期间，饲养员必须要十分小心。

毛茸茸的灰色企鹅宝宝

扫除的时候最热闹！

企鹅的粪便一旦凝固就很难扫，所以必须及时清理。每当饲养员用水管冲水的时候，企鹅们都会跳进水池里，非常热闹。不过，也有的企鹅静静站在原地，或者跑过来捣乱。

被水管缠住了！

清扫期间，淘气的企鹅会被水管缠住或者绊倒。饲养员必须时刻小心翼翼。

用水管冲水。

用刷子清洗。

本书中出现的海洋动物

p.2~3

海象、南海狮、洪堡企鹅、儒艮、宽吻海豚、港海豹、花斑喙头海豚、海獭、伪虎鲸

p.4~5

宽吻海豚、南海狮、伪虎鲸

p.6~7

南海狮、宽吻海豚

p.8~9

宽吻海豚、太平洋短吻海豚

p.10~11

宽吻海豚

p.12~13

东亚江豚、花斑喙头海豚、灰海豚、太平洋短吻海豚

p.14~15

儒艮、西非海牛

p.16~17

加利福尼亚海狮、南海狮

p.18~19

贝加尔海豹、斑海豹、港海豹

p.20~21

海象

p.22~23

海獭

p.24~25

海獭

p.26~27

红海龟、挺胸龟、缨毛龟、眼镜凯门鳄、草龟、日本锦蛇

p.28~29

洪堡企鹅

p.30~31

洪堡企鹅

MINNA WAKUWAKU SUIZOKUKAN UMI NO DOUBUTSU IPPAI HEN
© TOSHIMITSU MATSUHASHI / NATSUMI IKEDA 2012
Originally published in Japan in 2012 by Shin'nihon Shuppansha Co., Ltd
Chinese (Simplified Character only) translation rights arranged with
Shin'nihon Shuppansha Co., Ltd through TOHAN CORPORATION, TOKYO.

©2022 辽宁科学技术出版社
著作权合同登记号：第 06–2019–01 号。

图书在版编目（CIP）数据

饲养员带你逛动物园. 从海豚到企鹅 / (日) 池田菜津美著；(日)
松桥利光摄；朱悦玮译. — 沈阳：辽宁科学技术出版社，2022.7
ISBN 978-7-5591-2356-5

Ⅰ. ①饲… Ⅱ. ①池… ②松… ③朱… Ⅲ. ①动物－儿童读
物 Ⅳ. ①Q95–49

中国版本图书馆CIP数据核字(2021)第263053号

出版发行：辽宁科学技术出版社
（地址：沈阳市和平区十一纬路 25 号　邮编：110003）
印　刷　者：凸版艺彩（东莞）印刷有限公司
经　销　者：各地新华书店
幅面尺寸：210mm×210mm
印　　张：2
字　　数：80 千字
出版时间：2022 年 7 月第 1 版
印刷时间：2022 年 7 月第 1 次印刷
责任编辑：姜　璐　许晓倩
封面设计：吕　丹
版式设计：吕　丹
责任校对：闻　洋
书　　号：ISBN 978-7-5591-2356-5
定　　价：42.00 元

投稿热线：024-23284062
邮购热线：024-23284502
E-mail：1187962917@qq.com

松桥利光

1969 年出生于日本神奈川县。曾在水族馆工作，后来成为一名自由摄影师。主要拍摄青蛙、蛇、昆虫、鸟类以及哺乳类动物。代表作有《日本的乌龟、蜥蜴和蛇》《与水边生物嬉戏的 12 个月》《你是谁？》《青蛙排排坐……》《变身！水田突击队》《掌中怪兽》等。

池田菜津美

1984 年出生于日本埼玉县。自幼喜欢青蛙。现在主要从事与生物和自然相关的书籍创作。